AF375791

NOUVELLE MANIERE D'EXECUTER LES LOTERIES

LES PLUS COMPOSEE'S,

Avec toute la précision & la facilité qu'on peut souhaiter.

Contenant les moyens de les rendre toutes avantageuses à Sa Majesté & au Public.

Avec la description de nouveaux Regiſtres & Billets, propres à ſurmonter les difficultez qui ſe rencontrent dans l'execution des Loteries compoſées d'un grand nombre de billets.

Enſemble les moyens de les faire remplir en peu de temps, & de les tirer d'une nouvelle maniere, qui eſt plus juſte en elle-même, & plus avantageuſe pour le Public, que toute autre methode encore pratiquée.

Par Monſieur GLOVER.

Le prix eſt de 10. ſols broché, & de 16. ſ. relié.

❧ ✿ ❧

A PARIS,

Chez JEAN-BAPTISTE CUSSON, ruë ſaint Jacques, à l'entrée de la ruë du Plâtre, au Nom de JESUS.

M. DCCV.

Avec Privilege du Roy, & Approbation de Meſſieurs de l'Academie Royale des Sciences.

APPROBATION
de Monsieur FONTENELLE Secretaire de
l'Academie Royale des Sciences.

J'A y lû par ordre de Monseigneur le
Chancelier, le present Manuscrit, &
n'y ai rien trouvé, qui en doive empêcher l'impression. Fait à Paris ce 14.
Fevrier 1705. FONTENELLE.

PRIVILEGE DU ROY.

LOUIS par la grace de Dieu, Roy de
France & de Navarre: A nos amez & feaux
Conseillers, les Gens tenans nos Cours de
Parlement, Maistres des Requestes Ordinaires de nostre Hostel, Grand Conseil, Prevost
de Paris, Baillifs, Sénéchaux, leurs Lieute-
nans Civils, & autres nos Justiciers qu'il appartiendra : Salut. Le Sieur JEAN GLOVER
Nous a fait representer que s'étant toûjours
appliqué à la recherche des moyens de nous
rendre service & au Public ; il a trouvé entre
autres choses le secret d'executer toutes sortes de
Loteries, tant celles qui pourront être faites
pour nôtre service, que celles qui seront faites
en faveur des Eglises & Communautez de nôtre Royaume, d'une maniere nouvelle, & propre à surmonter toutes les difficultez qui se
rencontrent dans les Loteries composées d'un

A ij

grand nombre de billets ; & qu'ayant découvert
le moyen favorable non feulement de faire remplir en tres-peu de temps les Loteries les plus
fortes ; mais de convaincre le Public de la fidelité
& de l'exactitude defdites Loteries , par l'in-
vention qu'il a trouvée de nouveaux jettons
chifrez, & de regiftres & billets de Loteries , qui
doivent produire toute l'utilité, la facilité, & la
précifion poffible en cette matiere : il defireroit
donner au Public un Traité de fa compofition :
mais l'Expofant craignant qu'aprés la publica-
tion de fes découvertes, qui luy ont coûté une
application & des frais confiderables, d'autres
perfonnes ne s'ingerent de s'en fervir à fon
préjudice : il nous a tres-humblement fait fup-
plier, de luy accorder nos Lettres de Privilege
fur ce neceffaires : Et en confideration du zele
& de l'application dudit Sieur GLOVER;
Nous luy avons permis & permettons par ces
Prefentes, de faire imprimer, vendre & diftribuer, par tel Imprimeur & Libraire qu'il voudra choifir, en telle forme, marge, caractere,
& autant de fois que bon luy femblera, fondit
Livre, intitulé, *Nouvelle Maniere d'executer
les Loteries les plus compofées, avec toute la précifion & la facilité qu'on peut fouhaiter, contenant les moyens de les rendre toutes avantageufes à Sa Majeflé & au Public :* comme auffi
les nouveaux regiftres, numeros & billets pour
toutes les Loteries aufquelles ceux qui les con-
duiront voudront bien l'employer ; enfemble les
liftes generales & particulieres des billets noirs,
numeros & devifes qui feront tirées aufdites
Loteries, avec tous les avis qu'il fera neceffaire
de donner au Public, pour l'execution d'icelles ;
pendant le temps de *fix* années confecutives , à

compter du jour de la date desdites Presentes : avec défenses à tous Imprimeurs, Libraires, & autres personnes, de quelque qualité & condition qu'elles soient, de contrefaire, vendre, ni debiter ledit Livre, même d'impression étrangere, ou autrement, comme aussi lesdits nouveaux registres & billets; ensemb'e lesdites listes generales & particulieres, & lesdits avis pour l'execution desdites Loteries, sans le consentement par écrit dudit Exposant, ou de ses Ayans-cause; à peine de confiscation des exemplaires contrefaits, de quinze cens livres d'amende contre chacun des contrevenans, dont un tiers à Nous, un tiers à l'Hôtel-Dieu de Paris, l'autre tiers audit Sieur Exposant, & de tous dépens, dommages & interests: A la charge que ces Presentes seront enregistrées tout au long sur le Registre de la Communauté des Imprimeurs & Libraires de Paris, & ce dans trois mois de la date d'icelles: que l'impression dudit Livre sera faite dans notre Royaume & non ailleurs; & ce en bon papier & en beaux caracteres, conformément aux Réglemens de la Librairie; & qu'avant que de l'exposer en vente, il en sera mis deux exemplaires dans nôtre Bibliotheque publique, un dans celle de nôtre Château du Louvre, & un dans celle de nôtre tres-cher & feal Chevalier Chancelier de France le Sieur PHELYPEAUX Comte de Pontchartrain, Commandeur de nos Ordres; le tout à peine de nullité des Presentes: du contenu desquelles vous mandons & enjoignons de faire joüir ledit Sieur Exposant, ou ses Ayans cause, pleinement & paisiblement, sans souffrir qu'il leur soit fait aucun trouble ou empêchement. Voulons que la copie desdites Presentes, qui sera imprimée au

A iij

commencement ou à la fin dudit Livre , foit te-
nuë pour dûëment fignifiée , & qu'aux copies
collationnées par l'un de nos amez & feaux Con-
feillers & Secretaires , foy foit ajoûtée comme
à l'Original : Commandons au premier nôtre
Huiffier ou Sergent de faire pour l'execution
d'icelles tous actes requis & neceffaires fans de-
mander autre permiffion , & nonobftant Cla-
meur de Haro , Charte Normande , & Lettres
à ce contraires ; C A R tel eft nôtre plaifir.
D O N N E' à Verfailles le vingt-huitiéme jour
de Fevrier , l'an de grace mil fept cens cinq ,
& de notre Regne le foixante-deuxiéme.
Signé , Par le Roy en fon Confeil, LE COMTE.

*Regiftré fur le Livre de la Communauté des
Libraires & Imprimeurs de Paris , num. 340.
page 454. conformément aux Reglemens , & no-
tamment à l'Arreft du Confeil du 13. Aouft
1703. A Paris ce 7. Mars 1705.
       Signé , P. EMBRY , Syndic.*

NOUVELLE
MANIERE
d'executer
LES LOTERIES
LES PLUS COMPOSE'ES,

Avec toute la précifion, & la facilité
qu'on peut fouhaiter.

Contenant les moyens de les rendre toutes
avantageufes à Sa Majefté,
& au Public.

C OMME la charité de **Sa**
Majefté la porte quelque-
fois à établir des Loteries
Royales, pour donner à fes
Sujets, un moyen commode de fournir
fans contrainte, une partie des fubfides
neceffaires dans la conjonĉture prefente,
auffi bien que de permettre des Loteries
particulieres en faveur de plufieurs Egli-
fes & Communautez ; il eft du devoir

 Nouvelle Maniere

de tous ceux qui joüissent de l'honneur de sa protection, de contribuer en ce qu'ils pourront, au succés de ses bonnes intentions : & les Loteries étant une espece de taxe volontaire, que le Prince permet, & que le Public s'impose, le succés en est tres-douteux, & l'execution tres-difficile, lorsqu'elles sont composées d'un grand nombre de billets ; de sorte qu'on y doit chercher tous les appas & les moyens qui puissent les rendre agreables & avantageuses au Public, afin de les faire remplir en peu de tems ; comme aussi toutes les facilitez & les commoditez possibles, pour les personnes chargées de leur execution : & comme dans cet essai on a consideré ces deux objets differens, on se flatte d'y avoir réussi, par rapport à l'un & à l'autre, ainsi qu'on le verra dans le discours suivant.

Comme dans toutes sortes de jeux on doit proportionner les prix aux moyens des Joüeurs ; il est constant qu'en fait de Loteries, on doit toûjours taxer les billets à un prix mediocre ; afin de donner à toutes sortes de personnes, les moyens d'y mettre, sans faire de societez, & sans être par consequent en necessité de partager avec plusieurs, le gain

qu'on y pourra faire en particulier : &
c'eſt un expedient preſqu'aſſuré de faire
remplir une Loterie en peu de temps, que
de mettre les billets à un prix bas, &
en même tems d'y établir beaucoup de
lots, pour ne pas tomber dans l'incon-
venient d'y faire perdre beaucoup, ſous
prétexte de donner au Public les moyens
de faire fortune à tres-peu de riſq ; car
le danger de perdre tout ce que l'on y
met, détruit ſouvent l'appas & l'eſpe-
rance de gagner conſiderablement, en
mettant peu de choſe ; de ſorte que pour
rendre les Loteries tout-à-fait avanta-
geuſes, on doit prendre toutes ces pré-
cautions, qui ſervent à rendre le Public
entierement content, & font toûjours
ſubſiſter l'envie de mettre aux Loteries,
ainſi qu'en pluſieurs Villes d'Hollande,
où l'on fait des Loteries annuelles, ſur
leſquelles on fait fonds, comme ſur un re-
venu ſolide ; d'autant qu'elles ne manquent jamais d'être remplies, & que le
Public n'en perd jamais le goût ; parce
que dans les Loteries à 6. florins chaque
billet, les lots s'y trouvent diſtribuez
depuis ceux d'environ 6000. florins juſ-
qu'à ceux de 20. florins ; en ſorte que
dans toutes ces Loteries, le principal Lot
étant de la valeur environ de mille billets

de la Loterie , les moindres lots font
d'environ trois billets de la même Loterie , & en chacune de ces Loteries l'on a
foin d'y établir environ quatre billets
blancs pour un noir , ce qui encourage
chacun d'y mettre : puifqu'en y prenant
feulement quatre billets, c'eft-à-dire , en
y mettant environ vingt-quatre florins ,
ce qui eft une fomme fort modique , l'on
a un hazard égal d'y gagner quelque
chofe ; & il feroit à fouhaiter pour le
bien des Communautez , en faveur defquelles Sa Majefté a permis de faire des
Loteries , que l'on eût mieux ménagé
l'efprit du Public , en y établiffant plus
de lots que l'on n'y en a établis, fans faire
perdre à des nombres exceffifs , pour
faire gagner à des nombres tres-medio-
cres. Mais comme en France le Public
n'eft pas accoûtumé à des lots fi petits ,
qu'en Angleterre & en Hollande ; on a
toûjours établi dans toutes les Loteries
du Royaume les mieux compofées , environ quarante-neuf billets blancs pour
un billet noir ; le principal lot fe trou-
vant par-là d'environ quatre mille billets
de la Loterie , & les moindres lots d'environ vingt billets : de forte que pour ac-
commoder au goût du Public , les Loteries dont nous faifons icy la propofi-

tion, & pour les rendre en même temps
plus avantageufes & de plus facile accés
pour les intereffez, que toute autre Loterie encore publiée, les billets feront
taxez à un prix tres-mediocre ; le principal lot fera de la valeur d'environ
trente mille billets de la Loterie, d'où
l'on defcendra jufqu'aux moindres lots,
qui feront d'environ trente billets de la
Loterie, & le hazard fera d'environ 49.
billets blancs pour un billet noir.

Or comme le prix modique des billets
d'une Loterie, en augmente confidera-
blement le nombre, fans compter les
frais & les difficultez d'en diftribuer les
billets, d'en tenir les regiftres, & de les
tirer ; on a cherché & trouvé le moyen
de faciliter une pareille entreprife, par
une maniere tout-à-fait nouvelle de tirer
les Loteries, laquelle eft plus jufte en
elle-même, & plus avantageufe pour le
Public, que toute autre methode encore
pratiquée.

Pour numeroter les billets, & pour
tenir les regiftres des Loteries avec facilité & avec juftesse, on a auffi inventé des
regiftres & des billets univerfels, lefquels
feront accommodez de telle maniere les
uns aux autres, que chaque main de papier, ou chaque couple de mains de pa-

pier, plus ou moins, contiendra mille billets de la Loterie, à raifon de vingt ou
quarante numero de fuite, plus ou moins
à chaque feüille, lefquels on feparera à
mefure qu'on en fera la diftribution, &
chaque regiftre contiendra auffi mille numero; de forte que pour chaque millier de
numero ou billets, il y aura un regiftre
approprié de pareil nombre, dans lequel
on enregiftrera les Noms, Mots & Devifes de ceux à qui on délivrera lefdits
billets. Par le moyen de ces nouveaux regiftres, l'enregiftrement s'y fera d'une maniere fi facile & fi jufte, que l'on n'y
pourra jamais commettre d'erreur. Et
comme on peut diftribuer plufieurs billets de fuite, fans les feparer ou couper,
une feule devife pourra fervir à plufieurs
billets ou numero de fuite ; d'où il eft
évident, qu'au moyen de cette nouvelle
maniere d'imprimer & d'arranger les billets & les regiftres, on en peut diftribuer
& enregiftrer plufieurs en auffi peu de
temps, & avec autant de facilité, qu'on
diftribue & qu'on enregiftre un feul billet
ou numero, avec la maniere ordinaire.
Ces Regiftres univerfels contiennent chacun mille numero de fuite, & les chifres
qui fervent à exprimer les unitez, dixaines
& centaines de chaque numero, feront
imprimez

imprimez d'une maniere uniforme dans chaque regiftre; de forte que trois zero, fçavoir ooo, exprimeront les unitez, dixaines & centaines du premier numero de chaque regiftre; oo1, exprimeront celles du fecond numero ; oo2, celles du troifiéme numero, & ainfi de fuite jufqu'à 999. qui exprimeront les unitez, dixaines & centaines du dernier numero de chaque regiftre ; où il faut remarquer, que dans le premier regiftre qui contient le premier millier de numero d'une Loterie, il n'y a rien à ajoûter devant les trois chifres qui expriment les unitez, dixaines & centaines de chaque numero, parce que chaque regiftre contient feulement mille numero, & que tous les numero depuis 1. jufqu'à 1ooo. exclufivement, n'excedent jamais trois chifres, & le numero 999. eft même le plus grand numero du premier regiftre : de forte que les zero que l'on imprime dans les deux premieres places de gauche à droit, & qui rempliffent les places des dixaines & centaines, font inutiles dans le premier regiftre ou millier de numero. Mais dans tous les autres regiftres ou milliers, lefdits zero font abfolument neceffaires ; & quoique ooo, ne foit pas un nombre effectif , il ne laisse pas de passer pour un numero de la Loterie ; & la nouvelle maniere de tirer les Loteries cy-aprés expliquée est telle , qu'il est necessaire de convenir que ooo , passera pour un numero de la Loterie, puisqu'il pourra être tiré aussi-bien que tout autre numero; & il est indifferent pour les interessez , de quelle maniere l'on marque leurs billets, soit par des lettres , soit par des nombres effectifs , ou par des zero , pourvû que leurs billets y soient mis , & qu'ils puissent venir aussi-bien que les autres. Dans le second registre ou second millier de numero , commençant par le numero 1000, & finissant par le numero 1999. il est clair qu'il faut ajoûter à la plume , ou faire imprimer le chifre 1. devant les trois chifres qui sont actuellement imprimez en chaque registre ; car comme le premier registre finit par le numero 999. le second registre doit commencer par le numero 1000.que l'on forme en mettant le chifre 1. devant ooo, au commencement dudit second registre; & en mettant le même chifre 1. devant tous les autres chifres suivans, l'on en forme tous les numero de suite , jusqu'au dernier numero qui sera 1999. Le troisiéme registre, ou troisiéme millier de nu-

mero , doit commencer par le numero
2000 & finir par le numero 2999. dans
lequel regiftre il faut mettre le chifre 2.
devant les trois chifres dudit regiftre ,
qui y font actuellement imprimez : &
ainfi on peut numeroter tous les regiftres de fuite , en y ajoûtant à la
plume les mille , dixaines de mille , centaines de mille , &c. de chacun ; de
forte qu'une Loterie étant compofée
d'un million de billets ou numero , il
faut imprimer & numeroter mille regiftres de mille numero chacun , & le dernier regiftre commencera par le numero
999000. & finira par le numero 999999.
de forte qu'il y faut ajoûter à la plume
999. devant les trois chifres de chaque
numero qui y font actuellement imprimez. Autrement on peut marquer les
unitez , dixaines & centaines du premier
numero de chaque regiftre par 001.& celles du dernier numero par 000 , mais la
premiere methode me paroit meilleure.

Pareillement les unitez , dixaines &
centaines de chaque millier de billets ou
numero appropriez à chaque regiftre ,
feront imprimées de la même maniere
que dans lefdits regiftres ; & pour la plus
grande fureté,les mêmes unitez, dixaines
& centaines feront auffi imprimées en

paroles tout au long dans lefdits billets ;
de forte qu'une Loterie étant compofée
d'un nombre précis de milliers de numero ou billets , lefdits regiftres & billets
feront communs & applicables à chaque
millier , & pour cela il faudra ajoûter à
la plume , ou faire imprimer dans les regiftres les mille , dixaines de mille , centaines de mille, &c. de chaque millier particulier , devant les unitez , dixaines &
centaines de chaque numero , comme cy-
deffus. Pareillement devant les unitez ,
dixaines & centaines de chacun des mille billets apartenans au regiftre qui lui fera approprié, il faut ajoûter à la plume ou
faire imprimer les mêmes mille, dixaines
de mille, centaines de mille , &c. tant en
chifres devant les chifres de chaque billet , qu'en paroles tout au long , dans
l'efpace qui y fera laiffé pour cet effet.

Ce qui eft d'un grand fecours , tant
pour épargner la peine inconcevable de
marquer à la plume tous les numero de
fuite , que pour éviter le danger de fe
tromper en numerotant les billets & les
regiftres ; ce qui cauferoit des inconve-
niens de dangereufe conféquence : & au
moyen de ces regiftres & billets , on
pourra avec facilité diftribuer en peu de
temps tous les billets d'une Loterie , puis

qu'on pourra avec sureté, établir autant de Bureaux differens, qu'il y aura
de millier de numero à chaque Loterie ;
& pour plus grande expedition à chaque
Bureau, on pourra même employer autant de Commis, qu'il y aura de feüilles à chaque regiftre ; & ce d'autant plus
qu'on peut tres-aifément féparer lefdites
feüilles, pour les raffembler aprés qu'elles feront remplies. L'effet & l'utilité de
cette nouvelle maniere, a déja paru dans
la conduite de la Loterie d'Orleans,
compofée de quatre cens mille billets, de
laquelle Meffieurs les Adminiftrateurs
de l'Hôpital General de ladite Ville,
m'ont fait l'honneur de me confier la
direction, & dont l'execution auroit été
tres-difficile, fi je n'euffe trouvé une maniere particuliere & nouvelle de la tirer,
& d'en faire imprimer les regiftres & les
billets : je puis même avancer que le Public auroit été bien plus fatisfait de cette
Loterie, fi l'on y avoit établi un plus
grand nombre de lots, fuivant le projet
que je prefentai là-deffus aufdits Sieurs
Adminiftrateurs, qui ne trouverent pas
à propos de rien changer à l'état des
lots qu'ils avoient dreffé auparavant ;
mais qui du refte ont executé & tiré cette Loterie par ma nouvelle maniere,

B iij

avec toute l'exactitude & la fidelité possible. Avant que de faire la description de cette methode, je ferai voir en peu de mots, de quelle maniere on est accoûtumé de tirer les Loteries publiques ; avec les raisons qui doivent faire preferer cette nouvelle methode, à toutes celles qui ont été pratiquées jusqu'à ce jour.

Quoiqu'il ne soit pas permis de douter de la fidelité des Loteries publiques, neanmoins pour prévenir les plaintes & les jugemens temeraires de ceux qui quand ils perdent leur argent, ne manquent jamais d'y trouver à redire ; les personnes qui font des Loteries, les doivent tirer d'une maniere qui puisse mettre leur réputation à couvert, & convaincre le Public qu'il n'a pas été dans leur pouvoir, non plus que dans leur volonté, d'y faire la moindre injustice ; car il ne suffit pas de dire que les Loteries ont été tirées en presence de tels & tels Juges, puisque ces mêmes Juges font obligez de s'en rapporter à la bonne foi de ceux qui font les Loteries, & de leur laisser le pouvoir d'y mettre ou de n'y pas mettre les numero des interessez : ayant à peine le temps de voir tirer & enregistrer le petit nombre des billets

heüreux qui gagnent les lots , ils peuvent
encore bien moins examiner , verifier &
compter tous les numero d'une Loterie
l'un aprés l'autre. Auſſi ce n'eſt pas tout
à fait ſans raiſon, que l'on doit donner au
Public une preuve plus forte , qu'on lui a
fait juſtice, & l'on ne peut ſe diſpenſer de
le convaincre qu'il a été auſſi impoſſible de
favoriſer les uns que de fruſtrer les autres.
En effet, les Loteries étant une eſpece de
jeu de hazard , où ceux qui riſquent leur
argent, n'ont pas la liberté ni le plaiſir de
joüer pour eux-mêmes , & où ceux qui
n'y riſquent rien , & qui par conſequent
joüent à coup ſûr , ſont les ſeuls joüeurs ,
& décident du ſort de tous les intereſſez
ſans leur participation , il n'eſt pas ſeule-
ment juſte, mais auſſi neceſſaire , qu'elles
ſoient tirées de telle maniere , que chaque intereſſé puiſſe avoir une aſſurance
inconteſtable , que ſon numero y ſera
mis , & qu'il pourra gagner auſſi bien
qu'un autre ; & que les Juges qui ſe don-
nent la peine de voir tirer les numero ,
puiſſent auſſi en même temps voir , que
le numero de chaque perſonne y ſera
mis : & dans cette vûë on a cherché pluſieurs manieres de tirer les Loteries, dont
la premiere & la plus juſte dont on s'eſt
ſervi en France , a été de mêler avec les

billets noirs, un certain nombre de billets blancs, jusqu'à la concurrence d'une
somme égale au nombre des billets de la
Loterie, & de tirer ensuite au sort un numero avec un billet blanc ou noir, comme ils se presentoient, & ainsi de continuer jusqu'à ce que tous les numero &
billets fussent tirez, dont le Public a vû
les listes imprimées; de sorte que ceux qui
n'avoient pas le bonheur d'y gagner des
billets noirs, avoient toûjours la satis-
faction de voir que leurs numero y a-
voient été mis, & que c'étoit seulement
le hazard qui n'avoit pas décidé en leur
faveur.

Or cette maniere de tirer les Loteries,
ayant été extrêmement ennuyeuse aux
personnes de la premiere consequence,
qui ont bien voulu se donner la peine de
veiller aux intérêts du Public, & d'être
témoins de la fidelité des Loteries, dont
quelques unes demandoient une application & un travail continuel de deux ou
trois mois, pour les tirer seulement, on
a trouvé à propos de retrancher les billets
blancs, & de tirer seulement les noirs;
ce qui est bien commode & facile pour
ceux qui font les Loteries : mais ceux qui
les remplissent, & pour qui l'on doit
avoir plus d'égard, n'ont plus la satis-

faction qu'ils avoient auparavant, puisqu'à prefent il n'y a que ceux qui gagnent
qui puiffent voir leur numero dans les
liftes imprimées, & que ceux qui perdent,
& qui font en bien plus grand nombre,
font fouvent en doute que leurs numero y
ayent été mis. C'eft ce qui a fait recher-
cher cette nouvelle maniere de tirer les
Loteries, tant pour la commodité des
perfonnes chargées de leur conduite & de
leur fidelité, que pour la fatisfaction generale du Public; & on fe flatte d'y a-
voir réüffi, d'autant qu'on y tirera feulement les billets noirs, pour abreger le
temps, & pour épargner de la peine aux
perfonnes illuftres, dont la prefence eft
un garant que tout s'y fait avec la
derniere fidelité; & en même temps
tous les intereffez en général, feront
également convaincus que juftice leur
fera faite. En effet, par cette nouvelle maniere, foit qu'on y gagne, foit
qu'on y perde, on ne pourra jamais s'en
prendre à la bonne foi de la Loterie,
parce que chacun fera convaincu que fon
numero y aura été mis, & que par confequent il a été dans une auffi grande poffi-
bilité de gagner, que s'il l'eût mis de fes
propres mains: l'on en a fait la demonftration en prefence des perfonnes d'un rang

& d'un sçavoir distingué, & même des plus celebres Mathematiciens du siecle ; & quoique l'objet ne fût pas assez considerable pour meriter leur attention, ils n'ont pas laissé de se donner la peine de l'examiner, tant pour la sureté du Public, que pour me donner de nouveaux témoignages de leur bonté & de leur protection : & aprés cet examen, ils ont reconnu & approuvé cette nouvelle maniere de tirer les Loteries, comme la plus juste & la plus avantageuse pour le Public, que l'on puisse imaginer. Ainsi ceux qui ne sont pas assez connoissans en chifres, pour comprendre d'abord cette nouvelle methode, peuvent bien s'en rapporter au sentiment de Juges aussi éclairez.

Cette nouvelle methode de tirer les Loteries, répond à toutes les fins & à tous les usages des Bales d'Angleterre, mais d'une maniere beaucoup plus universelle, puisqu'elle peut servir pour tirer les Loteries, de quelque nombre de billets qu'elles soient composées, & en quelque état qu'elles se trouveront, quand même il y auroit des intervales par des billets qui n'auroient pas été distribuez, ce qu'on ne peut faire par les Bales d'Angleterre, par lesquelles on se trouve toûjours borné à un certain nombre de billets. Et afin que le Public foit plus amplement inftruit & convaincu de la beauté & de l'utilité de cette nouvelle methode , on en fera ici l'explication par l'exemple d'une Loterie compofée d'un million de billets ou numero , & de vingt mille lots ou billets noirs.

On tirera cette Loterie au moyen de deux mille jettons d'yvoire , d'une figure uniforme & convexe à chaque côté, afin de les pouvoir bien mêler en les remuant, dont un millier fera marqué de la lettre A , & l'autre de la lettre B : les mille jettons marquez de la lettre B , contiendront chacun trois chifres , capables d'exprimer les unitez, dixaines & centaines de tous les numero poffibles ; de forte que le premier jetton B portera 000. le fecond jetton B , portera 001 , le troifiéme portera 002 , & ainfi de fuite jufqu'au dernier jetton B , qui portera 999. où il faut remarquer que les zero qui rempliffent la place des dixaines & des centaines fur les jettons B , y font abfolument neceffaires, autrement il arriveroit que certains numero de la Loterie auroient plus de moyens à venir que d'autres.

Les mille jettons A , porteront les chifres capables d'exprimer les mille, dixaines de mille , & centaines de mille de

chaque numero de la Loterie ; de forte
que le premier jetton **A** , portera o , le
fecond portera 1. & le dernier jetton **A** ,
portera 999. comme dans la table qui fe
trouvera à la fin de ce traité , & par la
combinaifon des chifres de chaque jetton
A , avec ceux de chaque jetton **B** , on
peut exprimer tous les numero de la Loterie , excepté le dernier : mais pour y
fuppléer toutes les fois que les deux jettons , fçavoir le jetton **A**, qui porte o, &
le jetton **B** , qui porte trois zero , feront
tirez enfemble , ils fignifieront alors le
dernier numero de la Loterie ; & il eft
même neceffaire de convenir là-deffus ,
puifque parmi les jettons **A** , on ne peut
pas en mettre un qui porte 1000. parce
que fi cela étoit , ce jetton **A** , qui feroit
tiré avec les mille jettons B , formeroit
fept chifres , & par confequent neuf cens
quatre-vingt-dix-neuf numero furnume-
raires, qui ne feroient pas dans cette Loterie , qu'on fuppofe être d'un million de
numero. Ledit jetton **A** 1000. étant
tiré avec le jetton B 001 , formeroit
le numero 1000001. qui eft un numero
furnumeraire , & étant tiré avec les autres jettons B , de fuite , jufqu'au jetton
B 999. formeroit en tout neuf cens quatre-vingt-dix-neuf numero furnumerai-
res ,

res , dont le dernier feroit le numero 1000999. qui tous ne feroient point dans la Loterie.

Pour diftinguer le chifre 6. du 9. & pour éviter toute méprife dans les chifres, ils feront toûjours marquez fur les jettons, au deffous defdites lettres A & B.

Les vingt mille lots feront écrits en vingt mille petits quarrez de papier exactement égaux , dont on fera de petits rouleaux lefquels feront colez & cachetez le plus uniformement que faire fe pourra.

Avant que de commencer à tirer la Loterie, les mille jettons A, feront arrangez regulierement fur une grande table par centaines , afin que les Juges les puiffent verifier & les examiner chacun de fuite, ce qui fe peut faire en peu de temps, & avec grande facilité. Les mille jettons B , feront auffi arrangez dans le même ordre fur une autre table , dont chacun fera auffi examiné & verifié par les mêmes Juges ; mêlez & remuez en leur préfence, aprés quoi ils les feront mettre dans la machine ou coffre fait en rouleau , dans lequel on les remuera , en tournant ladite machine fur fon effieu. Ce coffre fera feparé en trois boëtes differentes , dans la premiere defquelles on mettra les mille jettons A. Dans la feconde on mettra les mille jettons B , & dans la troisiéme on mettra les vingt mille lots, le tout si bien mêlé, qu'il n'y aura point de choix ; & toutes les fois qu'on voudra tirer un numero avec un billet noir, on fera faire plusieurs tours audit coffre , tant pour bien mêler les jettons que les lots, & trois enfans qui feront choisis au fort à chaque féance, tireront les numero & lots; fçavoir un enfant tirera un jetton A , un autre tirera un jetton B , & le troisiéme tirera un lot tout en même temps , par une petite ouverture qui fera pratiquée à chaque boëte , par laquelle un enfant pourra paffer la main ; & ces trois enfans prefenteront enfemble à la Compagnie, les deux jettons & le lot, qui auront été tirez en même temps. Ces deux jettons feront arrangez regulierement dans l'ordre alphabetique , fçavoir le jetton B aprés le jetton A , & au même temps on ouvrira le lot qui aura été tiré, & les chifres des deux jettons A & B , étant affemblez, formeront le numero auquel ledit lot appartiendra ; comme dans la figure fuivante, où le jetton A porte 213. le jetton B porte 005. & le lot tiré en même temps porte 15000 livres , d'où il paroît que le numero 213005. gagne un lot de 15000 liv. & ainfi des autres.

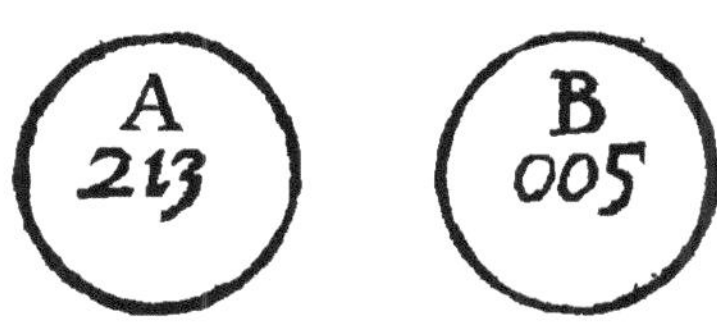

Un numero étant tiré & enregiftré avec fon billet noir , on remettra les deux jettons A & B, chacun dans fa propre boëte , pour les mêler avec les autres , afin de pouvoir tirer les autres numero & lots, & de cette maniere on continuera jufqu'à ce que les vingt mille lots foient tirez.

Pour la plus grande fureté , les Juges verront enregiftrer fur le champ chaque numero avec fon lot, en deux regiftres , lefquels étant collationnez l'un fur l'autre , à la fin de chaque féance , l'un de ces regiftres fera toûjours gardé par lefdits Juges , & l'autre fera mis entre les mains du Directeur de la Loterie; afin qu'il faffe imprimer avec exactitude, les liftes des numero & lots, qui auront été tirez à chaque féance, pour les faire diftribuer dans le Public.

A la fin de chaque féance, on fermera
le cofre où feront lefdits jettons & les
lots, à plufieurs clefs, qui feront gardées
par les differens Juges ou Magiftrats, jufqu'à la prochaine Séance.

Il eft donc clair que le hazard déci-
dera de tout, & qu'il n'y pourra pas arriver le moindre abus de la part des perfonnes qui tirent les Loteries. Et comme les
Loteries où l'on peut faire le plus grand
gain avec le moins de rifq, font toûjours
recherchées par le Public, les Loteries
compofées & tirées de cette nouvelle maniere, doivent être préferées à toutes les
autres; étant conftant qu'une perfonne
qui aura feulement un numero à cette Loterie, y pourra gagner plufieurs lots,
d'autant que chaque numero qui fera tiré
gagnera un lot, & un même numero pourra venir plufieurs fois; de forte que ceux
qui ne gagneront que de moindres lots
aux premieres féances, feront toûjours
en état d'en gagner de plus confiderra-
bles, & chacun aura l'efperance d'y
gagner jufqu'à la fin; ce qui rend cette maniere de tirer les Loteries,
tout - à - fait avantageufe pour le Public; d'autant que chaque perfonne a
une demonftration convaincante que
fon numero y fera mis, & qu'il pourra

gagner aussi bien qu'un autre ; parce que les jettons étant verifiez & mis dans leurs propres boëtes en presence des Juges préposez à voir que tout s'y fasse avec la derniere fidelité , il est impossible que tous les numero de la Loterie ne s'y trouvent comme cy-dessus , & qu'au moyen d'un seul billet , on n'ait la possibilité de gagner tout le fonds de la Loterie, comme dans les Loteries où l'on ne fait qu'un seul lot de tout le fonds , ainsi qu'il se pratique à Venise ; & au même temps il n'y aura pas plus de risq à perdre , que dans les Loteries où il se trouve un grand nombre de lots comme en France ; de sorte que cette nouvelle methode renferme les beautez & les avantages de toutes les autres manieres.

La justesse & l'égalité de cette nouvelle maniere de tirer les Loteries , consiste , en ce que chaque numero de la Loterie se trouve dans les diferentes combinaisons des chifres de chaque jetton **A** , avec ceux de chaque jetton **B** , sans qu'il y en ait aucun qui puisse venir de plus de manieres qu'un autre ; étant absolument impossible d'exprimer quelque numero que ce soit de la Loterie que d'une seule maniere ; de sorte que tous les numero de la Loterie sont également avantageux,

C iij

tant les premiers que les derniers , dont on pourra voir la verité en combinant ou affemblant les chifres de chaque jetton A , avec ceux de chaque jetton B ; car le jetton A o , combiné avec B oo1, forme le numero 1, le même jetton A o, combiné avec B oo2, forme le numero 2. & ainfi combinant le même jetton A o, avec tous les autres jettons B de fuite , on pourra former tous les numero de fuite , jufqu'au numero 999. qui fe forme par la combinaifon du jetton A o , avec B 999. & pour former les mille numero qui fuivent immediatement aprés, il faut combiner le jetton A 1 , avec tous les jettons B de fuite, fçavoir avec le jetton B oo0, pour former le numero 1oo0 ; avec le jetton B oc1 , pour former le numero 1oo1 , & ainfi de fuite jufqu'au numero 1999. qui fe forme par la combinaifon du jetton A 1 , avec le jetton B 999. De la même maniere on pourra former les mille numero d'aprés , en combinant le jetton A 2 , avec tous les jettons B de fuite, depuis le jetton B oo0 , jufqu'au jetton B 999. & ainfi on peut continuer de former tous les numero de la Loterie jufqu'au numero 999999. qui étant le plus grand numero qui fe puiffe exprimer naturellement , par les fix chifres mar-

quez fur les jettons A & B , fe forme
par la combinaifon du jetton A 999,
avec le jetton B 999. & pour former
le dernier numero de la Loterie , fçavoir le numero 1000000, comme il n'y
a point de jetton A qui porte 1000 , il
eft convenu , pour éviter les numero fur-
numeraires que la combinaifon du jetton A o avec B 000, fignifiera toûjours
le dernier numero de la Loterie, c'eft-à-
dire le numero 1000000 , dans nôtre
exemple propofé : d'où l'on voit affez
que chaque numero de la Loterie fe trouve dans les differentes combinaifons des
chifres de chaque jetton A , avec ceux
de chaque jetton B, ce qui eft la premiere
partie de ma propofition qu'il falloit dé-
montrer. Quant à la feconde partie, fçavoir que chaque numero de la Loterie
ne s'y trouve que d'une feule maniere :
prenons pour exemple un numero à volonté, fçavoir le numero 213005 , je dis
que ledit numero ne pourra venir que
d'une feule maniere , & par les mêmes
deux jettons A & B feulement , puifque
pour former le numero propofé 213005.
il faut abfolument tirer le jetton A 213 ,
avec le jetton B 005 , & comme de tous
les jettons A , il n'y en a qu'un feul qui
porte 213. & de tous les jettons B , il n'y

en a aussi qu'un seul qui porte 005. il est
clair qu'en ôtant ledit jetton A , & substituant à sa place tout autre jetton A ,
que ce soit , cette nouvelle combinaison
formeroit un numero different , qui seroit plus grand ou plus petit que le numero proposé 213005. Pareillement en
ôtant le jetton B 005. & substituant à sa
place tout autre jetton B que ce soit :
cette nouvelle combinaison formeroit
aussi un numero different du numero
proposé , & qui seroit aussi plus grand
ou plus petit que ledit numero 213005.
de sorte qu'il est absolument impossible de former ledit numero
213005. autrement que par les deux mêmes jettons A & B , c'est à dire d'u-
ne seule maniere ; & ainsi de tous les autres numero de la Loterie , tels que l'on
puisse proposer. Il est donc vrai que tous
les numero de la Loterie sont également
avantageux , tant les premiers que les
derniers : ce qui est la seconde partie de
ma proposition , qu'il falloit demon-
trer.

Quoi qu'il ne soit pas permis de croire
que ceux qui ont la direction des Loteries publiques , soient capables d'ôter ou
de négliger d'y mettre le numero d'aucun
interessé , pour favoriser les uns aux dépens

pens des autres. Cette nouvelle maniere de tirer les Loteries , donne au Public une assurance bien plus ample ; puis qu'outre la bonne foi dont on fait également ment profession ici comme ailleurs , il est de plus impossible d'y ôter un seul numero de qui que ce soit , sans en ôter plusieurs autres ; parce qu'en ôtant un seul jetton A , on ôte mille numero , sçavoir tous ceux qui se peuvent former par la combinaison des chifres du même jetton A , avec ceux de chacun des mille jettons B ; pareillement en ôtant un seul jetton B , on ôte tous les numero qui se peuvent former par la combinaison des chifres dudit jetton B. avec ceux de chaque jetton A ; ce qui fait paroitre davantage la justesse & la fidelité de cette nouvelle maniere de tirer les Loteries.

Il y a des esprits qui pourront rafiner sur cette nouvelle maniere de tirer les Loteries , en employant plus ou moins de jettons ; mais ce sera toujours une suite de notre methode , & ils ne pourront se vanter d'aucune nouveauté : par exemple pour tirer une Loterie d'un million de billets , on pourra employer soixante jettons seulement , qui seront separez en six dixaines distinguées par les lettres A , B , C , D , E , & F , & sur chaque

D

dixaine au deſſous deſdites lettres , il y
aura les chifres 0. 1. 2. 3. 4. 5. 6. 7. 8. &
9. dont ceux des jettons F , exprimeront
les unitez de tous les numero poſſibles ,
ceux des jettons E exprimeront les dixaines ; ceux des jettons D , les centaines ;
ceux des jettons C , les mille ; ceux des
jettons B , les dixaines de mille ; & ceux
des jettons A , les centaines de mille.

On peut encore ſe ſervir d'une autre maniere pour tirer une Loterie d'un million
de billets , en employant trois cens jettons , dont tous ceux de la premiere centaine ſeront marquez de la lettre A , ceux
de la ſeconde centaine ſeront marquez de
la lettre B ; & ceux de la troiſiéme centaine de la lettre C ; chaque jetton de la
centaine C portera deux chifres capables d'exprimer les unitez & dixaines
de toutes ſortes de numero ; de ſorte que
le premier jetton C portera 00 , & le
dernier 99. les cent jettons B porteront
pareils chifres que les jettons C , & ils
ſerviront à exprimer les centaines & mille
de toutes ſortes de numero ; & les cent
jettons A porteront les chifres capables
d'exprimer les dixaines de mille & centaines de mille de tous les numero de la
Loterie ; de ſorte que le premier jetton A
portera 0 , & le dernier portera 99. &

cette derniere methode est moins embar-
raſſante que la premiere; bien qu'elle ſoit
executée avec un plus grand nombre de
jettons Mais comme en toutes choſes on
doit chercher la ſimplicité, la maniere
de tirer les Loteries au moyen de deux
differentes ſortes de jettons A & B ſeule-
ment, me paroît préférable à toutes les
autres; c'eſt pour cela que pour tirer ladite Loterie d'un million de billets, j'em-
ployerois deux mille jettons de la maniere que j'ai expliqué cy-deſſus. Et pour
tirer la Loterie Royale de vingt mille
Actions ou Billets, on pourra employer
trois cens jettons, dont deux cens ſeront marquez de la lettre A, & cent de la
lettre B : les cent jettons B contiendront
chacun deux chifres; ſçavoir les unitez
& les dixaines de tous les numero; de
ſorte que le premier jetton B portera oo,
le ſecond o1, & le dernier 99. & les
deux cens jettons A, porteront les centaines, les mille, & dixaines de mille de
tous les numero de ladite Loterie Royale;
de ſorte que le premier jetton A portera
o, & le dernier 199.

Pour ce qui regarde l'évaluation des
lots d'une Loterie, le Public ne voit
rien moins que ſon propre interêt, quand
il deſapprouve dans les Loteries un grand

nombre de lots , & il ne réfléchit pas
que les lots doivent toûjours être propor-
tionnez au prix des billets ; à quoi ce-
pendant il est tres-necessaire de faire attention ; car en diminuant le prix des
billets , pour donner à toutes sortes de
personnes les moyens de s'en procurer ,
on en augmente à proportion le nombre;
de sorte que pour faire subsister la même esperance de gagner , sans introduire
un plus grand risq de perdre , il faut
de même augmenter le nombre des lots ,
& par consequent en diminuer la valeur;
afin qu'en y mettant toujours les mêmes
sommes, on puisse avoir plusieurs hazards
ou billets, au lieu d'un seul; & les moyens
de gagner plusieurs lots , avec la même
facilité qu'on pourra gagner un seul lot
d'une loterie , dont les billets seront taxez
à un prix plus considerable.

Il est vrai que selon les manieres ordinaires de tirer les Loteries , un grand
nombre de petits lots pourra être préjudiciable à quelques particuliers , quoiqu'il soit toûjours avantageux pour le
Public , d'établir dans les Loteries un
grand nombre de lots ; mais par la methode dont nous venons de faire l'explication , un grand nombre de petits lots
est toûjours avantageux au Public , & ne

pourra jamais être préjudiciable à qui que ce soit. Quand selon les manieres ordinaires un numero est tiré, il est exterminé dés ce moment, & il ne pourra jamais revenir ; de sorte que tous les numero d'une Loterie qui sont tirez les premiers, & qui gagnent seulement de petits lots, pendant qu'il y en a de plus considerable à gagner, ôtent à ceux ausquels ces petits sont échûs, toute esperance & possibilité d'y avoir aucune part, & même d'y prétendre dans la suite; ce qui dégoûte le Public de la pensée des petits lots ; & ils aimeroient mieux encourir le risq à tout perdre, que de soufrir dans les Loteries, de ces petits lots qui pourroient les priver des moyens d'y en gagner d'autres ; parce que s'il n'y avoit point de petits lots dans les Loteries, tous les numero qui seroient tirez les premiers, gagneroient des lots considerables ; & tout le dédommagement que l'on prétend y faire au Public, se réduit à dire, qu'il est vrai que les petits lots diminuent le gain des numero qui sont tirez les premiers, en les excluant entierement de la possibilité d'y gagner des lots plus considerables ; mais que d'un autre côté, les petits lots qui augmentent le nombre des

lots d'une Loterie, font toûjours avantageux aux numero qui font tirez les derniers, parce que fans l'établiffement des
petits lots, tous les numero qui font tirez
les derniers ne gagneroient rien du tout ;
& il eft même plus jufte qu'il y ait dans
le Public dix mille perfonnes qui gagnent
chacun quelque chofe, que feulement mil,
dont chacun aura gagné dix fois autant ;
ce qui eft vrai; & c'eft auffi tout ce qu'on
peut alleguer pour l'établiffement des petits lots par les manieres ordinaires: mais
tout cela n'eft rien en comparaifon de ce
que l'on peut dire des avantages de cette
nouvelle maniere de tirer les Loteries,
puifque par fon moyen on pourra compo-
fer & proportioner les lots des Loteries de
telle maniere, & y établir un fi grand
nombre de lots, qu'il n'y aura prefqu'aucun danger d'y perdre; & cela fans que les
petits lots puiffent en aucune maniere por-
ter préjudice aux perfonnes qui mettent
aux Loteries dans l'efperance d'y gagner
des lots confiderables; car les petits lots y
feront toujours avantageux à quelque
temps qu'ils puiffent arriver, foit dans le
commencement, au milieu, ou à la fin,
parce qu'un numero qui gagnera un
petit lot dans le commencement, n'en

sera pas pour cela privé de la possibilité
d'y en gagner d'autres, & il aura toujours
les mêmes moyens d'y gagner les lots les
plus considerables de la Loterie, comme
si tel numero n'étoit point tiré, puisque
le même numero peut revenir plusieurs
fois, & même toutes les fois qu'on tirera un lot; de sorte que l'esperance & la
prétension de tous les interessez, subsis-
teront toujours également, non seulement d'y pouvoir gagner quelque lot particulier, mais aussi d'y gagner tous les
lots en general, tant qu'il y en aura à tirer.
Il paroît donc que les petits lots d'une
Loterie qui servent à augmenter le nombre des gagnans, & à faire subsister dans
le Public, l'envie de mettre aux Loteries,
seront toujours également avantageux
pour tous les interessez aux Loteries dont
nous faisons la proposition, tant à ceux
dont les numero seront tirez les premiers,
qu'à ceux dont les numero seront tirez
les derniers; d'où l'on voit l'excellence
de cette nouvelle methode, & qu'il est
de l'interêt du Public, d'y établir un
grand nombre de lots, même des lots aussi
mediocres que l'on pourra y en établir;
pourvû qu'ils vaillent seulement la peine
de les aller querir, ou d'envoyer les de-

mander ; & au lieu que ce soit un sujet de
mécontentement, que de gagner dés le
commencement un petit lot ; s'il est permis de croire que certains numero sont
plus heureux que les autres, il est constant
qu'une personne dont le numero aura
gagné seulement un lot d'une pistole dans
les premieres séances, est mieux fondé à
y esperer les principaux lots qui y reste-
ront à tirer, qu'une autre personne dont
le numero n'aura point encore paru, &
qui sera peut-être assez infortuné de ne
pouvoir jamais être tiré. Il faut donc
convenir que par cette nouvelle maniere de tirer les Loteries, tous les lots,
même les plus petits, sont toujours avantageux, & qu'il n'est pas de même dans
les Loteries tirées par la maniere ordinaire, dans lesquelles tous les lots, excepté le premier lot, sont en quelque maniere préjudiciables aux interessez; parce
que dans une Loterie où il se trouvera un
gros lot de trente mille liv. & ensuite un
lot de vingt mille liv, il est clair que ce
second lot étant tiré le premier par la maniere ordinaire, prive la personne à qui
il sera échû, par rapport à son numero
tiré, de la possibilité de gagner le gros lot
de trente mille livres ; mais selon cette
nouvelle

nouvelle maniere de tirer les Loteries, les petits lots qui échéront aux numero qui feront tirez les premiers, ne pourront pas empêcher les mêmes numero d'y gagner tous les autres lots en general, tant les gros que les petits ; & j'efpere que le Public fera plus amplement convaincu de la beauté & des avantages de cette nouvelle maniere, dans l'execution de la premiere Loterie que je pourrai avoir l'honneur de conduire.

Mais ce qui eft encore plus fort, & à quoi jufqu'à prefent on n'a pas affez réfléchi, eft que ce n'eft pas feulement contre l'interêt commun de ceux qui font des Loteries, & de ceux qui y mettent, d'y établir une trop grande difproportion entre le nombre des gagnans & celui des perdans ; mais que c'eft en quelque maniere une injuftice; & ceux qui s'imaginent qu'il eft égal à tout le monde d'établir dans les Loteries plus ou moins de lots, ne font pas attention à toutes les circonftances requifes pour rendre le hazard égal ; & ils doivent confiderer que toutes fortes de perfonnes n'ont pas également le moyen d'y mettre autant de billets qu'il en faut, pour fe procurer un hazard égal d'y gagner quelque chofe;

E

parce que pour avoir autant de probabilité d'y gagner un lot, que d'y perdre tout, il faut prendre le nombre des billets, dans lequel on doit préfumer qu'il y aura un lot : par exemple, dans une Loterie où il fe trouvera un bon billet en cinquante ; une perfonne qui y prendra cinquante billets, aura un hazard égal d'y pouvoir gagner un lot : ce que les uns fe peuvent procurer fans s'incommoder beaucoup, & ce que d'autres ne peuvent pas faire fans s'épui-fer tout-à-fait; & il ne faut pas raifonner ici autrement que fur les autres jeux de hazard, où il eft auffi égal de joüer cent piftoles contre cent piftoles, que de joüer un fol contre un fol : car bien que cela foit vrai, ce n'eft pourtant pas la même chofe pour toutes fortes de perfonnes ; parce que celui qui a mille piftoles, ne s'expofe pas tant en rifquant cent piftoles, que fait celui qui n'ayant que cent pifto-les en tout, les rifque toutes à la fois ; puifque ce dernier s'expofe à perdre tout ce qu'il poffede, pendant que le premier ne rifque que la dixiéme partie du fien, & c'eft à quoi confifte l'inégalité : de même, les Loteries étant un jeu public, propofé à toutes fortes de perfonnes fans distinction , & auquel les pauvres risquent même plus à proportion que les riches ; on ne peut trop prendre de précaution pour rendre le hazard égal : & comme les pauvres ne doivent jamais joüer trop gros jeu , crainte de se ruiner tout d'un coup, on ne doit jamais établir dans les Loteries un trop grand nombre de billets blancs pour un billet noir : car pour avoir une esperance bien fondée , & autant de probabilité d'y gagner que d'y perdre ; il faut y mettre des sommes trop considerables tout à la fois , soit dans une seule Loterie , ou en plusieurs differentes, & se résoudre même d'y perdre plusieurs fois de suite, avant que de pouvoir raisonablement esperer d'y gagner un seul lot: or c'est le moyen de ruiner plusieurs pauvres familles , pour faire tomber un lot considerable à quelqu'un qui n'en aura pas besoin : de sorte qu'en toutes les Loteries on doit taxer les billets à un prix modique, & établir un si grand nombre de lots , qu'en y mettant des sommes tresmediocres, on puisse avoir un hazard égal d'y pouvoir gagner quelque chose, sans danger d'y perdre beaucoup ; ce qu'on pourra tres-commodement faire par cette nouvelle maniere de tirer les Loteries , où chaque numero pourra gagner plusieurs lots ; & d'autant plus que les petits lots qu'on y pourra gagner, n'empêcheront pas les mêmes numero d'y en gagner encore de plus considerables : ce qui n'est pas praticable par les manieres ordinaires de tirer les Loteries, dans lesquelles on rejette les numero à mesure qu'on les tire , & où les petits lots qu'on y peut gagner , ôtent entierement au même numero , la possibilité d'y en gagner d'autres ; d'où l'on voit encore plus clairement l'utilité de la nouvelle maniere dont nous faisons la proposition.

Mais aprés tous les expediens que l'on peut donner pour l'execution des Loteries , il est constant que si le Public n'y met pas , l'entreprise en échoüera, & que ceux qui s'en mêlent, n'en tireront ni honneur , ni profit; mais au contraire , qu'il y perdront leurs peines & tous les frais qu'ils auront faits ; & il est même tres-difficile d'y réüssir, quand il s'agit de remplir une Loterie d'un fonds considerable : neanmoins on se flatte d'avoir trouvé les moyens de les rendre toutes avantageuses, & en même temps si agreables au Public, que chacun y mettra avec plaisir, à proportion de son pouvoir, & même avec empressement, aussitôt que la Loterie sera ouverte, ayant à cet effet trouvé un expedient particulier, pour avancer & faire remplir quelque Loterie que ce soit, autant dans un mois, qu'on pourra faire dans une année par les methodes ordinaires ; comme aussi pour surmonter toutes les difficultez qui s'y rencontrent ; ce qui pourra être d'utilité, tant pour trouver des avances annuelles & considerables à Sa Majesté, que pour procurer un secours annuel à tous les Hôpitaux du Royaume en general, lequel secours pourra être partagé entre eux, à proportion des besoins de chacun, s'il plaît à Sa Majesté d'établir une Loterie Generale, selon le projet que l'on en pourra donner : & cet établissement étant également avantageux à Sa Majesté & au Public, il n'y a que les moyens de faire remplir en peu de temps des Loteries si fortes, dont on pourroit douter, & desquels je n'ai pas fait l'explication dans ce petit Traité, parce que je me suis reservé l'honneur, sous le bon plaisir de Sa Majesté, d'en

donner une demonſtration convaincante par l'execution de quelque Loterie Royale , ou d'une Loterie en faveur de quelque établiſſement ou en-
trepriſe publique pour le bien du Com-
merce & de l'Etat , ou de telle Egliſe
& Communauté à qui Sa Majeſté voudra bien en accorder la permiſſion : &
en conſequence , je me ferai un plaiſir
ſenſible d'entretenir là-deſſus les perſon-
nes qui auront beſoin d'un pareil ſe-
cours.

0	25	50	75	100	125	150	175
1	26	51	76	101	126	151	176
2	27	52	77	102	127	152	177
3	28	53	78	103	128	153	178
4	29	54	79	104	129	154	179
5	30	55	80	105	130	155	180
6	31	56	81	106	131	156	181
7	32	57	82	107	132	157	182
8	33	58	83	108	133	158	183
9	34	59	84	109	134	159	184
10	35	60	85	110	135	160	185
11	36	61	86	111	136	161	186
12	37	62	87	112	137	162	187
13	38	63	88	113	138	163	188
14	39	64	89	114	139	164	189
15	40	65	90	115	140	165	190
16	41	66	91	116	141	166	191
17	42	67	92	117	142	167	192
18	43	68	93	118	143	168	193
19	44	69	94	119	144	169	194
20	45	70	95	120	145	170	195
21	46	71	96	121	146	171	196
22	47	72	97	122	147	172	197
23	48	73	98	123	148	173	198
24	49	74	99	124	149	174	199

200	225	250	275	300	325	350	375
201	226	251	276	301	326	351	376
202	227	252	277	302	327	352	377
203	228	253	278	303	328	353	378
204	229	254	279	304	329	354	379
205	230	255	280	305	330	355	380
206	231	256	281	306	331	356	381
207	232	257	282	307	332	357	382
208	233	258	283	308	333	358	383
209	234	259	284	309	334	359	384
210	235	260	285	310	335	360	385
211	236	261	286	311	336	361	386
212	237	262	287	312	337	362	387
213	238	263	288	313	338	363	388
214	239	264	289	314	339	364	389
215	240	265	290	315	340	365	390
216	241	266	291	316	341	366	391
217	242	267	292	317	342	367	392
218	243	268	293	318	343	368	393
219	244	269	294	319	344	369	394
220	245	270	295	320	345	370	395
221	246	271	296	321	346	371	396
222	247	272	297	322	347	372	397
223	248	273	298	323	348	373	398
224	249	274	299	324	349	374	399

400	425	450	475	500	525	550	575
401	426	451	476	501	526	551	576
402	427	452	477	502	527	552	577
403	428	453	478	503	528	553	578
404	429	454	479	504	529	554	579
405	430	455	480	505	530	555	580
406	431	456	481	506	531	556	581
407	432	457	482	507	532	557	582
408	433	458	483	508	533	558	583
409	434	459	484	509	534	559	584
410	435	460	485	510	535	560	585
411	436	461	486	511	536	561	586
412	437	462	487	512	537	562	587
413	438	463	488	513	538	563	588
414	439	464	489	514	539	564	589
415	440	465	490	515	540	565	590
416	441	466	491	516	541	566	591
417	442	467	492	517	542	567	592
418	443	468	493	518	543	568	593
419	444	469	494	519	544	569	594
420	445	470	495	520	545	570	595
421	446	471	496	521	546	571	596
422	447	472	497	522	547	572	597
423	448	473	498	523	548	573	598
424	449	474	499	524	549	574	599

F

600	625	650	675	700	725	750	775
601	626	651	676	701	726	751	776
602	627	652	677	702	727	752	777
603	628	653	678	703	728	753	778
604	629	654	679	704	726	754	779
605	630	655	680	705	730	755	780
606	631	656	681	706	731	756	781
607	632	657	682	707	732	757	782
608	633	658	683	708	733	758	783
609	634	659	684	709	734	759	784
610	635	660	685	710	735	760	785
611	636	661	686	711	736	761	786
612	637	662	687	712	737	762	787
613	638	663	688	713	738	763	788
614	639	664	689	714	739	764	789
615	640	665	690	715	740	765	790
616	641	666	691	716	741	766	791
617	642	667	692	717	742	767	792
618	643	668	693	718	743	768	793
619	644	669	694	719	744	769	794
620	645	670	695	720	745	770	795
621	646	671	696	721	746	771	796
622	647	672	697	722	747	772	797
623	648	673	698	723	748	773	798
624	649	674	699	724	749	774	799

800	825	850	875	900	925	950	975
801	826	851	876	901	926	951	976
802	827	852	877	902	927	952	977
803	828	853	878	903	928	953	978
804	829	854	879	904	929	954	979
805	830	855	880	905	930	955	980
806	831	856	881	906	931	956	981
807	832	857	882	907	932	957	982
808	833	858	883	908	933	958	983
809	834	859	884	909	934	959	984
810	835	860	885	910	935	960	985
811	836	861	886	911	936	961	986
812	837	862	887	912	937	962	987
813	838	863	888	913	938	963	988
814	839	864	889	914	939	964	989
815	840	865	890	915	940	965	990
816	841	866	891	916	941	966	991
817	842	867	892	917	942	967	992
818	843	868	893	918	943	968	993
819	844	869	894	919	944	969	994
820	845	870	895	920	945	970	995
821	846	871	896	921	946	971	996
822	847	872	897	922	947	972	997
823	848	873	898	923	948	973	998
824	849	874	899	924	949	974	999

Table des jettons B.

000	025	050	075	100	125	150	175
001	026	051	076	101	126	151	176
002	027	052	077	102	127	152	177
003	028	053	078	103	128	153	178
004	029	054	079	104	129	154	179
005	030	055	080	105	130	155	180
006	031	056	081	106	131	156	181
007	032	057	082	107	132	157	182
008	033	058	083	108	133	158	183
009	034	059	084	109	134	159	184
010	035	060	085	110	135	160	185
011	036	061	086	111	136	161	186
012	037	062	087	112	137	162	187
013	038	063	088	113	138	163	188
014	039	064	089	114	139	164	189
015	040	065	090	115	140	165	190
016	041	066	091	116	141	166	191
017	042	067	092	117	142	167	192
018	043	068	093	114	143	168	193
019	044	069	094	119	144	169	194
020	045	070	095	120	145	170	195
021	046	071	096	121	146	171	196
022	047	072	097	122	147	172	197
023	048	073	098	123	148	173	198
024	049	074	099	124	149	174	199

G

200	225	250	275	300	325	350	375
201	226	251	276	301	326	351	376
202	227	252	277	302	327	352	377
203	228	253	278	303	328	353	378
204	229	254	279	304	329	354	379
205	230	255	280	305	330	355	380
206	231	256	281	306	331	356	381
207	232	257	282	307	332	357	382
208	233	258	283	308	333	358	383
209	234	259	284	309	334	359	384
210	235	260	285	310	335	360	385
211	236	261	286	311	336	361	386
212	237	262	287	312	337	362	387
213	238	263	288	313	338	363	388
214	239	264	289	314	339	364	389
215	240	265	290	315	340	365	390
216	241	266	291	316	341	366	391
217	242	267	292	317	342	367	392
218	243	268	293	318	343	368	393
219	244	269	294	319	344	369	394
220	245	270	295	320	345	370	395
221	246	271	296	321	346	371	396
222	247	272	297	322	347	372	397
223	248	273	298	323	348	373	398
224	249	274	299	324	349	374	399

400	425	450	475	500	525	550	575
401	426	451	476	501	526	551	576
402	427	452	477	502	527	552	577
403	428	453	478	503	528	553	578
404	429	454	479	504	529	554	579
405	430	455	480	505	530	555	580
406	431	456	481	506	531	556	581
407	432	457	482	507	532	557	582
408	433	458	483	508	533	558	583
409	434	459	484	509	534	559	584
410	435	460	485	510	535	560	585
411	436	461	486	511	536	561	586
412	437	462	487	512	537	562	587
413	438	463	488	513	538	563	588
414	439	464	489	514	539	564	589
415	440	465	490	515	540	565	590
416	441	466	491	516	541	566	591
417	442	467	492	517	542	567	592
418	443	468	493	518	543	568	593
419	444	469	494	519	544	569	594
420	445	470	495	520	545	570	595
421	446	471	496	521	546	571	596
422	447	472	497	522	547	572	597
423	448	473	498	523	548	573	598
424	449	474	499	524	549	574	599

600	625	650	675	700	725	750	775
601	626	651	676	701	726	751	776
602	627	652	677	702	727	752	777
603	628	653	678	703	728	753	778
604	629	654	679	704	729	754	779
605	630	655	680	705	730	755	780
606	631	656	681	706	731	756	781
607	632	657	682	707	732	757	782
608	633	658	683	708	733	758	783
609	634	659	684	709	734	759	784
610	635	660	685	710	735	760	785
611	636	661	686	711	736	761	786
612	637	662	687	712	737	762	787
613	638	663	688	713	738	763	788
614	639	664	689	714	739	764	789
615	640	665	690	715	740	765	790
616	641	666	691	716	741	766	791
617	642	667	692	717	742	767	792
618	643	668	693	718	743	768	793
619	644	669	694	719	744	769	794
620	645	670	695	720	745	770	795
621	646	671	696	721	746	771	796
622	647	672	697	722	747	772	797
623	648	673	698	723	748	773	798
624	649	674	699	724	749	774	799

800	825	850	875	900	925	950	975
801	826	851	876	901	926	951	976
802	827	852	877	902	927	952	977
803	828	853	878	903	928	953	978
804	829	854	879	904	929	954	979
805	830	855	880	905	930	955	980
806	831	856	881	906	931	956	981
807	832	857	882	907	932	957	982
808	833	858	883	908	933	958	983
809	834	859	884	909	934	959	984
810	835	860	885	910	935	960	985
811	836	861	886	911	936	961	986
812	837	862	887	912	937	962	987
813	838	863	888	913	938	963	988
814	839	864	889	914	939	964	989
815	840	865	890	915	940	965	990
816	841	866	891	916	941	966	991
817	842	867	892	917	942	967	992
818	843	868	893	918	943	968	993
819	844	869	894	919	944	969	994
820	845	870	895	920	945	970	995
821	846	871	896	921	946	971	996
822	847	872	897	922	947	972	997
823	848	873	898	923	948	973	998
824	849	874	899	924	949	974	999

H